Birds of South Australia

fotolulu Taschenbuch X

Inklusive Checkliste der 970 Vögel Australiens

Impressum

Bibliografische Information der Deutschen Nationalbibliothek:
Die Deutsche Nationalbibliothek verzeichnet diese Publikation in der
Deutschen Nationalbibliografie;
detaillierte bibliografische Daten sind im Internet über www.dnb.de abrufbar.

Herstellung und Verlag:
BoD – Books on Demand, Norderstedt

1 Auflage
© 2018 fotolulu
Fotos & Text: fotolulu · www.fotolulu.de

ISBN: 9783748166313

In diesem Bildband möchte ich Ihnen die vielfältige Vogelwelt des Südens von Australien inklusive Kangaroo Island und Tasmanien etwas näher bringen.

Lassen auch Sie sich verzauben von der Farbenpracht und Einzigartigkeit, der von mir fotografierten 218 Vogelarten.

Das Buch wird ergänzt mit einer kompletten Checkliste der 970 Vogelarten Australiens - deutsch, latein & englisch.

Ihr fotolulu

Amsel (Turdus merula)

Augenbrauenente (Anas superciliosa)

Australienscharlachschnäpper (Petroica boodang)

Australische Buschtaube (Phaps elegans occidentalis)

Australische Dreifarbenpapageiamadine (Erythrura trichroa macgillivrayi)

Australische Eilseeschwalbe (Thalasseus bergii cristatus)

Australische Zwergente (Nettapus pulchellus)

Australischer Austernfischer (Haematopus longirostris)

Australischer Baumfalke (Falco longipennis)

Australischer Fischadler (Pandion cristatus)

Australischer Gleitaar (Elanus axillaris)

Australischer Ibis (Threskiornis moluccus)

Australischer Kormoran (Phalacrocorax carbo novaehollandiae)

Australischer Zwergtaucher (Tachybaptus novaehollandiae)

Australischer Riesenstorch (Ephippiorhynchus asiaticus australis)

Australspornpieper (Anthus australis)

Australtölpel (Morus serrator)

Bänderhabicht (Accipiter fasciatus)

Bennettkrähe (Corvus bennetti)

Blaubrust-Staffelschwanz (Malurus pulcherrimus)

Blauscheitellori (Glossopsitta porphyrocephala)

Braunhonigfresser (Lichmera indistincta)

Brillenpelikan (Pelecanus conspicillatus)

Bronzeflügeltaube (Phaps chalcoptera)

Buschhuhn (Alectura lathami)

Cabanis-Graufächerschwanz (Rhipidura albiscapa preissi)

Campbells Flötenvogel (Gymnorhina tibicen dorsalis)

Campbells Scharlachschnäpper (Petroica boodang campbelli)

Campbells Weißaugenhonigfresser (Phylidonyris novaehollandiae campbelli)

Carters Glücksschwalbe (Hirundo neoxena carteri)

Carters Schmucksittich (Neophema elegans carteri)

Cleland-Rotlappenhonigfresser (Anthochaera carunculata clelandi)

Derbys Wühlerkakadu (Cacatua pastinator derbyi)

Dickschnabelmöwe (Larus pacificus)

Dornastrild (Neochmia temporalis)

Dreistreifen-Honigfresser (Caligavis chrysops)

Elsterreiher (Egretta picata)

Emu (Dromaius novaehollandiae)

Eyre-Gebirgslori (Trichoglossus moluccanus eyrei)

Fächerschwanzkuckuck (Cacomantis flabelliformis)

Felsentaube (Columba livia)

Flammenbrustschnäpper (Petroica phoenicea)

Fleckenpanthervogel (Pardalotus punctatus)

Gartenfächerschwanz (Rhipidura leucophrys)

Gebirgslori (Trichoglossus moluccanus)

Gelbbauchsittich (Platycercus caledonicus)

Gelbbürzel-Dornschnabel (Acanthiza chrysorrhoa)

Gelbfuß-Pfeifgans (Dendrocygna eytoni)

Gelbhaubenkakadu (Cacatua galerita)

Gelbkehl-Honigfresser (Nesoptilotis flavicollis)

Gelblappen-Honigfresser (Anthochaera paradoxa)

Gelbohrrabenkakadu (Calyptorhynchus funereus whiteae)

Gelbschnabellöffler (Platalea flavipes)

Gelbwangenrosella (Platycercus icterotis)

Georgs Dichschnabelmöwe (Larus pacificus georgii)

Glücksschwalbe (Hirundo neoxena)

Goldbauchschnäpper (Eopsaltria australis)

Goldflügel-Honigfresser (Phylidonyris pyrrhopterus)

Goldscheitel-Honigfresser (Gliciphila melanops)

Goulburns Zwergschilfsteiger (Megalurus gramineus goulburni)

Goulds Graubrustpitohui (Colluricincla harmonica rufiventris)

Goulds Graumantel-Brillenvogel (Zosterops lateralis chloronotus)

Goulds Graurücken-Metzgervogel (Cracticus torquatus leucopterus)

Goulds Pfeifhonigfresser (Gavicalis virescens sonorus)

Goulds Purpurhuhn (Porphyrio porphyrio bellus)

Goulds Weißaugenhonigfresser (Phylidonyris novaehollandiae longirostris)

Goulds-Habichtfalke (Falco berigora occidentalis)

Graubartfalke (Falco cenchroides)

Graubrustpitohui (Colluricincla harmonica)

Graufächerschwanz (Rhipidura albiscapa)

Graumantel-Brillenvogel (Zosterops lateralis)

Grünfink (Chloris chloris)

Grünfuß-Pfuhlhuhn (Tribonyx mortierii)

Haarschopftaucher (Poliocephalus poliocephalus)

Halbmond-Löffelente (Anas rhynchotis)

Halsbandkasarka (Tadorna tadornoides)

Haussperling (Passer domesticus)

Helmkakadu (Callocephalon fimbriatum)

Hirtenmaina (Acridotheres tristis)

Hühnergans (Cereopsis novaehollandiae)

Indischer Silberreiher (Ardea alba modestus)

Jägerliest (Dacelo novaeguineae)

Kangaroo Goldflügelhonigfresser (Phylidonyris pyrrhopterus halmaturinus)

Kangaroo-Prachtstaffelschwanz (Malurus cyaneus ashbyi)

Kangaroo-Roststirndornschnabel (Acanthiza pusilla zietzi)

Kangaroo-Rotnackenhonigfresser (Acanthorhynchus tenuirostris halmaturinus)

Kangaroo-Weißbrauensericornis (Sericornis frontalis ashbyi

Kangaroowürgerkrähe (Strepera versicolor halmaturina)

Kaninchenadler (Hieraaetus morphnoides)

Kastanienente (Anas castanea)

Keilschwanzadler (Aquila audax)

Keilschwanzweih (Haliastur sphenurus)

Kent-Roststirndornschnabel (Acanthiza pusilla diemenensis)

Kräuselscharbe (Microcarbo melanoleucos)

Küsten-Flötenvogel (Gymnorhina tibicen tyrannica)

Langschnabel-Russkakadu (Calyptorhynchus baudinii)

Lathams Schwarzgesicht-Raupenfänger (Coracina novaehollandiae melanops)

Mähnenente (Chenonetta jubata)

Mathews Graufächerschwanz (Rhipidura albiscapa alisteri)

Mathews Neuhollandkrähe (Corvus coronoides perplexus)

Mathewspanthervogel (Pardalotus striatus substriatus)

McCoy-Panthervogel (Pardalotus punctatus xanthopyge)

Mondstreif-Honigschmecker (Melithreptus lunatus)

Moschuslori (Glossopsitta concinna)

Nasenkakadu (Cacatua tenuirostris)

Neuhollandkrähe (Corvus coronoides)

Noerdlicher Pennantsittich (Platycercus elegans melanopterus)

Norts Honigschmecker (Melithreptus brevirostris magnirostris)

Östliche Horsfieldlerche (Mirafra javanica horsfieldii)

Östlicher Gelbbürzeldornschnabel (Acanthiza chrysorrhoa leighi)

Papuateichhuhn (Gallinula tenebrosa)

Pennantsittich (Platycercus elegans)

Perlhalstaube (Spilopelia chinensis)

Perths Rußschwalbenstar (Artamus cyanopterus perthi)

Pfeifhonigfresser (Gavicalis virescens)

Prachtstaffelschwanz (Malurus cyaneus)

Rosakakadu (Eolophus roseicapilla)

Rosella (Platycercus eximius)

Rosenbrustschnäpper (Petroica rodinogaster) - female

Rostbauch-Baumrutscher (Climacteris rufus)

Rotfuß-Pfuhlhuhn (Tribonyx ventralis)

Rotkopf-Säbelschnäbler (Recurvirostra novaehollandiae)

Rotlappen-Honigfresser (Anthochaera carunculata)

Rotnacken-Honigfresser (Acanthorhynchus tenuirostris)

Rotschwanzkuckuck (Chrysococcyx basalis)

Rußausternfischer (Haematopus fuliginosus)

Rußschwalbenstar (Artamus cyanopterus)

Scharlachtrugschmätzer (Epthianura tricolor)

Schlammstelzer (Cladorhynchus leucocephalus)

Schwarzbandkiebitz (Vanellus tricolor)

Schwarzgesicht Schwalbenstar (Artamus cinereus)

Schwarzgesicht-Raupenfänger (Coracina novaehollandiae)

Schwarzgesichtlöffler (Platalea minor)

Schwarzgesichtscharbe (Phalacrocorax fuscescens)

Schwarzkehl-Honigfresser (Nesoptilotis leucotis)

Schwarzkinn-Ruderente (Oxyura australis)

Schwarzkopf-Honigschmecker (Melithreptus affinis)

Schwarzscharbe (Phalacrocorax sulcirostris)

Schwarzschwan (Cygnus atratus)

Schwarzstirn-Regenpfeifer (Elseyornis melanops)

Schwarzzügel-Dickkopf (Pachycephala inornata)

Sharps Prachtstaffelschwanz (Malurus cyaneus cyanochlamys)

Sharps Rußwürgerkrähe (Strepera versicolor intermedia)

Silberfalke (Falco hypoleucos)

Silberkopf-Staffelschwanz (Malurus elegans)

Silberkopfmöwe (Chroicocephalus novaehollandiae)

South Inselausternfischer (Haematopus finschi)

Spitzschopftaube (Ocyphaps lophotes)

Stachelibis (Threskiornis spinicollis)

Star (Sturnus vulgaris)

Stelzschwanz-Dornschnabel (Acanthiza apicalis)

Stephens Maskenkiebitz (Vanellus miles novaehollandiae)

Stieglitz (Carduelis carduelis)

Stirnbandringsittich (Barnardius zonarius semitorquatus)

Stockente (Anas platyrhynchos)

Streifenpanthervogel (Pardalotus striatus)

Stricheldornschnabel (Acanthiza lineata)

Südliche Drosselstelze (Grallina cyanoleuca neglecta)

Südliche Horsfieldlerche (Mirafra javanica secunda)

Südliche Rußwürgerkrähe (Strepera versicolor melanoptera)

Südlicher Gelbbauchdickkopf (Pachycephala pectoralis fuliginosa)

Südlicher Graumantel-Brillenvogel (Zosterops lateralis westernensis)

Sumpfweihe (Circus approximans)

Sydneysperber (Accipiter cirrocephalus)

Tasmandornschnabel (Acanthiza ewingii)

Tasmanien-Flötenvogel (Gymnorhina tibicen hypoleuca)

Tasmanien-Gelbbauchdickkopf (Pachycephala pectoralis glaucura)

Tasmanien-Graubrustpitohui (Colluricincla harmonica strigata)

Tasmanien-Rotnackenhonigfresser (Acanthorhynchus tenuirostris dubius)

Tasmanien-Scharlachschnaepper (Petroica boodang leggii)

Tasmanien-Weißaugenhonigfresser (Phylidonyris novaehollandiae canescens)

Tasmanien-Weißstirnschwatzvogel (Manorina melanocephala leachi)

Tasmanien-Zimtflügelhonigfresser (Anthochaera chrysoptera tasmanica)

Tasmanienelsterscharbe (Phalacrocorax varius hypoleucos)

Tasmanienlori (Glossopsitta concinna didimus)

Tasmanienrosella (Platycercus eximius diemenensis)

Tasmanienspornpieper (Anthus australis bistriatus)

Tasmanische Silberkopfmöwe (Chroicocephalus novaehollandiae gunni)

Tasmanischer Gelbbuerzeldornschnabel (Acanthiza chrysorrhoa leachi)

Tasmanischer Gelbohr-Rabenkakadu (Calyptorhynchus funereus xanthanotus)

Tasmanischer Graurücken-Metzgervogel (Cracticus torquatus cinereus)

Tasmanischer Maskentölpel (Sula dactylatra tasmani)

Tasmanischer Rosakakadu (Eolophus roseicapilla albiceps)

Tasmanisches Bläßhuhn (Fulica atra australis

Tasmankrähe (Corvus tasmanicus)

Tasmanmoorente (Aythya australis)

Tasmanpanthervogel (Pardalotus quadragintus)

Tasmanschnäpper (Melanodryas vittata)

Tasmansericornis (Sericornis humilis)

Tasmanwürgerkrähe (Strepera fuliginosa)

Temminckpanthervogel (Pardalotus striatus ornatus)

Thomas-Schwarzkehlhonigfresser (Nesoptilotis leucotis thomasi)

Truthuhn (Meleagris gallopavo)

Tuerkisstaffelschwanz (Malurus splendens)

Victoria-Braunbaumrutscher (Climacteris picumnus victoriae)

Victoriawürgerkrähe (Strepera graculina nebulosa)

Vielfarbensittich (Psephotus varius)

Walddornschnabel (Acanthiza inornata)

Weißaugen-Honigfresser (Phylidonyris novaehollandiae)

Weißbrauen-Schwalbenstar (Artamus superciliosus)

Weißbrauensericornis (Sericornis frontalis)

Weißbrustschnäpper (Eopsaltria georgiana)

Weißbürzel-Honigfresser (Ptilotula penicillata)

Weißschwanz-Russkakadu (Calyptorhynchus latirostris)

Weißgesicht-Stelzenläufer (Himantopus leucocephalus)

Weißgesicht-Trugschmätzer (Epthianura albifrons)

Weißhalsreiher (Ardea pacifica)

Weißkehl-Baumrutscher (Cormobates leucophaea)

Weißkehlente (Anas gracilis)

Weißstirn-Schwatzvogel (Manorina melanocephala)

Weißwangenreiher (Egretta novaehollandiae)

Westaustralischer Banks-Rabenkakadu (Calyptorhynchus banksii naso)

Westernrosella (Platycercus icterotis xanthogenys)

Westlicher Eulenschwalm (Podargus strigoides brachypterus)

Westlicher Nacktaugenkakadu (Cacatua sanguinea westralensis)

Wombeys Honigschmecker (Melithreptus brevirostris wombeyi)

Woodwards Rotlappenhonigfresser (Anthochaera carunculata woodwardi)

Zimtflügel-Honigfresser (Anthochaera chrysoptera)

Checkliste

Land oder Region: Australien
Anzahl von Spezies: 970
Anzahl von Endemischen: 353

Struthionidae

Struthio camelus	Strauß	Common Ostrich

Casuariidae

Casuarius casuarius	Helmkasuar	Southern Cassowary
Dromaius novaehollandiae	Emu	Emu

Anseranatidae

Anseranas semipalmata	Spaltfußgans	Magpie Goose

Anatidae

Dendrocygna guttata	Tüpfelpfeifgans	Spotted Whistling-Duck
Dendrocygna eytoni	Gelbfuß-Pfeifgans	Plumed Whistling-Duck
Dendrocygna arcuata	Wanderpfeifgans	Wandering Whistling-Duck
Branta canadensis	Kanadagans	Canada Goose
Cereopsis novaehollandiae	Hühnergans	Cape Barren Goose
Stictonetta naevosa	Affengans	Freckled Duck
Cygnus olor	Höckerschwan	Mute Swan
Cygnus atratus	Schwarzschwan	Black Swan
Radjah radjah	Radjahgans	Radjah Shelduck
Tadorna tadornoides	Halsbandkasarka	Australian Shelduck
Tadorna variegata	Paradieskasarka	Paradise Shelduck
Nettapus pulchellus	Australzwergente	Green Pygmy-Goose
Nettapus coromandelianus	Koromandelzwergente	Cotton Pygmy-Goose
Chenonetta jubata	Mähnenente	Maned Duck
Spatula querquedula	Knäkente	Garganey
Spatula rhynchotis	Halbmond-Löffelente	Australian Shoveler
Spatula clypeata	Löffelente	Northern Shoveler
Mareca strepera	Schnatterente	Gadwall
Mareca penelope	Pfeifente	Eurasian Wigeon
Anas superciliosa	Augenbrauenente	Pacific Black Duck
Anas platyrhynchos	Stockente	Mallard
Anas acuta	Spießente	Northern Pintail
Anas crecca	Krickente	Green-winged Teal
Anas gracilis	Austral-Weißkehlente	Gray Teal
Anas castanea	Kastanienente	Chestnut Teal
Malacorhynchus membranaceus	Rosenohrente	Pink-eared Duck

Quellen (Teilliste):

https://avibase.bsc-eoc.org/checklist
Birdlife Australia. 2016. Working List of Australian Birds. http://birdlife.org.au/conservation/science/taxonomy [Verteilung]
BirdLife International and Handbook of the Birds of the World (2016) Bird species distribution maps of the world. Version 6.0. Available at http://datazone.birdlife.org/species/request-dis http://datazone.birdlife.org/species/requestdis [Arten Aufzeichnungen]
BirdLife International and NatureServe (2011) Bird species distribution maps of the world. BirdLife International, Cambridge, UK and NatureServe, Arlington, USA. [Arten Aufzeichnungen]
Birds Queensland. Australian bird list by state. http://www.birdsqueensland.org.au/bird_lists.php [Verteilung]
Checklist Committee (OSNZ). 2010. Checklist of the Birds of New Zealand, Norfolk and Macquarie Islands, and the Ross Dependency, Antarctica (4th ed.). Ornithological Society of New Zealand & Te Papa Press, Wellington. http://nzbirdsonline.org.nz/sites/all/files/checklist/Checklist-of-Birds.pdf [Arten Aufzeichnungen]
Christidis, L. & W.E. Boles. 2008. Systematics and Taxonomy of Australian Birds. CSIRO PUBLISHING.http://www.birdsaustralia.com.au/birds/checklist.html [Verteilung]
Clements, J. F., T. S. Schulenberg, M. J. Iliff, D. Roberson, T. A. Fredericks, B. L. Sullivan, and C. L. Wood. 2018. The eBird/Clements checklist of birds of the world: v2018. Downloaded from http://www.birds.cornell.edu/clementschecklist/download/ http://www.birds.cornell.edu/clementschecklist/download/[Taxonomie]
Clements, J. F., T. S. Schulenberg, M. J. Iliff, D. Roberson, T. A. Fredericks, B. L. Sullivan, and C. L. Wood. 2017. The eBird/Clements checklist of birds of the world: v2017. Downloaded from http://www.birds.cornell.edu/clementschecklist/download/ http://www.birds.cornell.edu/clementschecklist/download/[Synonyme]
Cornell Lab of Ornithology. 2011-2018. eBird. http://www.ebird.org/ [Arten Aufzeichnungen]
del Hoyo, Josep (ed.), Elliott, A (ed.), Sargatal, J (ed.) (vol. 1–7), and Christie, DA (ed.) (vol. 8–16). 1992–2013. Handbook of the Birds of the World. Lynx Edicions. http://www.hbw.com/ [Synonyme]
Gill, F and D Donsker (Eds). 2016. IOC World Bird List (v 6.4). Doi http://dx.doi.org/10.14344/IOC.ML.6.4. http://www.worldbirdnames.org/http://www.worldbirdnames.org/ [Synonyme]
Lynx edition. 2017-2018. First Country Reports. http://www.hbw.com/news/first-country-reports [Arten Aufzeichnungen]
Mike Tarburton. 2014. Bird Checklists for 610 Melanesian Islands. http://www.birdsofmelanesia.net/ [Arten Aufzeichnungen]
Sibagu: Bird Names in Oriental Languages. http://sibagu.com/ [Synonyme]
Xeno-canto.org https://xeno-canto.org [Arten Aufzeichnungen]Alle Vögel der Welt - Die komplette Checkliste aller Arten und Unterarten (ISBN-13: 978-3-7347-4407-5)

Weitere Bücher aus der fotolulu-Taschenbuchserie

Birds of Costa Rica

Birds of Südafrika

Birds of Madagaskar

Birds of Kuba

Birds of Argentina

Birds of Iceland

Birds of Seychellen

Birds of Deutschland

Birds of Florida & Bahamas

Birds of Sri Lanka

Diese Bücher sind erhältlich bei BoD (Books on Demand):
https://www.bod.de